上海市工程建设规范

假山叠石工程施工标准

Standard for construction of rockery laying

DG/TJ 08—211—2020
J 12724—2021

主编单位：上海市绿化和市容（林业）工程管理站
上海市园林工程有限公司
批准部门：上海市住房和城乡建设管理委员会
施行日期：2021年8月1日

同济大学出版社

2021 上海

图书在版编目(CIP)数据

假山叠石工程施工标准 / 上海市绿化和市容(林业)工程管理站，上海市园林工程有限公司主编. — 上海：同济大学出版社，2021.7

ISBN 978-7-5608-9713-4

Ⅰ. ①假… Ⅱ. ①上… ②上… Ⅲ. ①叠石－堆山－工程施工－标准－上海 Ⅳ. ①TU986.4-65

中国版本图书馆 CIP 数据核字(2021)第 132351 号

假山叠石工程施工标准

上海市绿化和市容(林业)工程管理站
上海市园林工程有限公司 **主编**

策划编辑 张平官
责任编辑 朱　勇
责任校对 徐春莲
封面设计 陈益平

出版发行 同济大学出版社　www.tongjipress.com.cn
(地址：上海市四平路 1239 号　邮编：200092　电话：021－65985622)
经　　销 全国各地新华书店
印　　刷 浦江求真印务有限公司
开　　本 889mm×1194mm　1/32
印　　张 1.25
字　　数 34 000
版　　次 2021 年 7 月第 1 版　　2021 年 7 月第 1 次印刷
书　　号 ISBN 978-7-5608-9713-4
定　　价 15.00 元

上海市住房和城乡建设管理委员会文件

沪建标定〔2021〕81 号

上海市住房和城乡建设管理委员会
关于批准《假山叠石工程施工标准》
为上海市工程建设规范的通知

各有关单位：

由上海市绿化和市容（林业）工程管理站和上海市园林工程有限公司主编的《假山叠石工程施工标准》，经我委审核，现批准为上海市工程建设规范，统一编号 DG/TJ 08—211—2020，自 2021 年 8 月 1 日起实施，原《假山叠石工程施工规程》（DG/TJ 08—211—2014）同时废止。

本规范由上海市住房和城乡建设管理委员会负责管理，上海市绿化和市容（林业）工程管理站负责解释。

特此通知。

上海市住房和城乡建设管理委员会

二〇二一年二月十日

前 言

根据上海市住房和城乡建设管理委员会《关于印发〈2019年上海市工程建设规范、建筑标准设计编制计划〉的通知》(沪建标定〔2018〕753号)的要求,由上海市绿化和市容(林业)工程管理站、上海市园林工程有限公司会同有关单位开展编制工作。标准编制组经过广泛的调查研究,认真总结经验,并参照国内外相关标准和规范,在广泛征求意见的基础上,对《假山叠石工程施工规程》DG/TJ 08—211—2014进行修订。

本标准主要内容有:总则;术语;施工准备;施工;验收。

本标准主要修订内容:①增加塑石假山的材料、结构、工艺等方面要求;②完善并强化安全、环境保护等方面相关要求;③部分删减和更新原规程中的相关内容;④更新相关引用标准。

各单位及相关人员在执行本标准过程中,如有意见和建议,请及时反馈至上海市绿化和市容管理局(地址:上海市胶州路768号;邮编:200040;E-mail:kjxxc@ihsr,sh.gov.cn),上海市绿化和市容(林业)工程管理站(地址:上海市制造局路130号园林大厦9楼;邮编:200011;E-mail:357987376@qq.com),上海市建筑建材业市场管理总站(地址:上海市小木桥路683号;邮编:200032;E-mail:shgcbz@163.com),以供今后修订时参考。

主 编 单 位: 上海市绿化和市容(林业)工程管理站
上海市园林工程有限公司

参 编 单 位: 上海园鼎园林建设监理有限公司
上海建科工程咨询有限公司

主要起草人员: 徐 忠 朱振清 毛正平 周艺烽 叶素芬
李素霞 张寅媛 廖 辉 袁 竞 高 傲

孙　鑫　李　想　钱晓一　陈颖琦　周　琰
姚　浩　罗秀梅

主要审查人员:周茹雯　还洪叶　高炜华　许菁华　居继红
周　坤　郭建平

上海市建筑建材业市场管理总站

目　次

1　总　则 ………………………………………………… 1
2　术　语 ………………………………………………… 2
3　施工准备 ……………………………………………… 4
　3.1　一般规定 ………………………………………… 4
　3.2　材　料 …………………………………………… 4
　3.3　安　全 …………………………………………… 6
　3.4　环境保护 ………………………………………… 7
4　施　工 ………………………………………………… 9
　4.1　一般规定 ………………………………………… 9
　4.2　叠石假山 ………………………………………… 9
　4.3　塑石假山 ………………………………………… 12
　4.4　置石工程 ………………………………………… 14
5　验　收 ………………………………………………… 16
　5.1　一般规定 ………………………………………… 16
　5.2　材料进场验收 …………………………………… 16
　5.3　工序验收 ………………………………………… 16
　5.4　竣工验收 ………………………………………… 17
本标准用词说明 ………………………………………… 18
引用标准名录 …………………………………………… 19
条文说明 ………………………………………………… 21

Contents

1 General provisions …… 1
2 Terms …… 2
3 Construction preparation …… 4
3.1 General provisions …… 4
3.2 Materials …… 4
3.3 Safety …… 6
3.4 Environmental protection …… 7
4 Construction …… 9
4.1 General provisions …… 9
4.2 Pile stone rockery …… 9
4.3 Artificial rockery …… 12
4.4 Stone engineering …… 14
5 Acceptance inspection …… 16
5.1 General provisions …… 16
5.2 Material initial acceptance …… 16
5.3 Acceptance process …… 16
5.4 Completion and acceptance …… 17
Explanation of wording in this standard …… 18
List of quoted standards …… 19
Explanation of provisions …… 21

1 总 则

1.0.1 为加强本市假山叠石工程施工管理，提高工程质量，特制定本标准。

1.0.2 本标准适用于本市行政区域内假山叠石工程的施工和验收。

1.0.3 假山叠石工程的施工和验收除应符合本标准外，尚应符合国家、行业和本市现行有关标准规定。

2 术语

2.0.1 假山工程 man-made rockery engineering

用自然山石或玻璃纤维强化水泥(GRC)、碳纤维增强混凝土(CFRC)等复合材料构筑而成的模拟自然山体的园林工程。

2.0.2 叠石假山 pile stone rockery

采用自然山石进行堆叠、以自然山水为蓝本并加以艺术的夸张和提炼，由人工再造的山体。

2.0.3 中空叠石假山 hollow pile rockery

山体中间部分采用钢筋混凝土框架结构架空，外围用自然山石堆叠封闭而形成的山体。

2.0.4 倚墙叠石假山 pine stone rockery leaned on a wall

在钢筋混凝土框架结构或钢筋混凝土墙体结构的一侧用自然山石装饰堆砌而成的山体。

2.0.5 塑石假山 artificial rockery

将水泥混合砂浆、钢丝网、GRC、CFRC等材料通过艺术手法模拟自然建造而成的山体。

2.0.6 置石工程 stone engineering

以自然山石或CFRC等材料作独立或附属性的造景布置，主要表现出模仿自然露岩景观的、体量较小而分散的园林工程。

2.0.7 壁山 rockery stones fixed on a wall

以定制的铁件爬钉将自然山石固定或悬挂于墙体上的假山。

2.0.8 峰石 peak stone

多为整块、体量大、造型奇特、色彩突出、能独自成景的自然山石。

2.0.9 料石 dressed stone

自然开采的山石，经人工挑选，其石质、大小、纹理、色泽等符合造景布置或假山叠石需要的块石。

2.0.10 面掌石 palm stone

用于假山正面的无损伤、外形尚佳并富有自然山形肌理的山石。

2.0.11 花驳 flower barge

花驳即自然式山石驳岸。对于小型水体和大水体的小局部，常采用自然式山石驳岸，或有植被的缓坡驳岸。自然式山石驳岸可制成岩、矶、崖、岫等形状，通常采取上伸、下收、平挑等形式。

2.0.12 空腔结构 cavity structure

采用钢筋混凝土或钢结构焊接而成的具一定功能的空间结构。

3 施工准备

3.1 一般规定

3.1.1 假山叠石工程施工前，施工单位应根据勘探资料勘查现场，核对平面位置及标高，了解假山所在场地的土质、地下水位及其基础的允许荷载力；考察场地地形、地势、周边交通条件、建(构)筑物、地下管线、给排水情况及植被分布等。施工放样应按设计图纸进行，经复核无误后方可施工。

3.1.2 假山的基础工程及主体构造必须符合相关现行标准和设计要求。

3.1.3 假山叠石工程的材料、性能、造型、姿态和安全等级等应符合设计要求。

3.1.4 假山叠石工程施工前应编制施工方案，特大型叠石假山或特殊结构的塑石假山还应经专家论证后方可施工。

3.1.5 施工变更应经建设、设计和监理等单位同意，并办理相关变更手续。

3.2 材　料

3.2.1 叠石假山主要材料应符合下列要求：

1 选用的自然山石应坚实无风化、无损伤、无裂痕，表面无剥落。

2 施工前，应对施工现场的自然山石进行清洗，除去山石表面积土、尘埃和杂物等，对原石裂缝中自然生长的植物可适当保留。

3 施工前应按自然山石的质地、纹理、石色同类集中的原则进行清理、挑选和堆放。

3.2.2 塑石假山主要材料应符合下列要求：

1 结构钢材应采用符合现行国家标准《金属覆盖层 钢铁制件热浸镀锌层技术要求及试验方法》GB/T 13912 要求的热浸镀锌材料制成。

2 喷涂材料、GRC、CFRC 等材料，都应符合现行国家标准《结构加固修复用碳纤维片材》GB 21490 和《建筑用墙面涂料中有害物质限量》GB 18582 的相关规定。

3 雕刻涂层宜采用符合设计要求的"雕刻造型砂浆"，并应符合现行行业标准《抹灰砂浆技术规程》JGJ/T 220 相关规定；抹灰材料配比应符合现行行业标准《建筑砂浆基本性能试验方法标准》JGJ/T 70 抗压强度和 C35 等级混凝土强度要求。

4 防水材料应符合现行国家标准《地下工程防水技术规范》GB 50108 的相关规定。

5 钢材、钢筋、金属网片、金属辅材、雕刻砂浆和主题油漆等材料均应有产品合格证、质量保证书及检测报告等相关资料。

3.2.3 置石工程主要材料应符合本标准第 3.2.1 条和第 3.2.2 条的规定。

3.2.4 材料运输及吊装应符合下列要求：

1 材料运输应按施工方案准备吊装和运输设备，运输路线应满足荷载、宽度及高度要求。

2 山石吊到车厢后，宜用软质材料衬垫并绑扎稳固，装运过程中应轻装、轻卸。

3 特殊用途的山石，如峰石、面掌石、石笋等，在运输时应用软质材料进行保护性绑扎固定。

4 山石运到施工现场后应进行检查，凡有损伤或裂缝的山石不得作面掌石使用。

3.3 安　全

3.3.1 施工人员应符合下列规定：

1 施工人员上岗前应进行安全培训。

2 施工现场应配备专职安全员，持证上岗。

3 特殊工种作业人员应持证上岗。

4 施工人员进入施工现场必须配备安全帽、反光背心等，做好安全防护措施。

5 焊接作业应符合现行国家标准《建设工程施工现场消防安全技术规范》GB 50720 和现行行业标准《钢筋焊接及验收规程》JGJ 18 的相关规定。

6 高空作业应符合现行行业标准《建筑施工高处作业安全技术规范》JGJ 80 的相关规定。

3.3.2 起重吊装应符合下列规定：

1 起重机操作应符合现行国家标准《起重机械安全规程》GB 6067 的规定。

2 起重量计算应符合现行国家标准《流动式起重机　额定起重量图表》GB/T 21458 的要求。

3 钢丝绳选用应符合现行国家标准《一般用途钢丝绳吊索特性和技术条件》GB/T 16762 的要求。

4 叠石假山及置石的堆置，应选择起吊半径能覆盖假山施工范围和满足最大单块山石重量的起吊设备，并应满足安全要求。

5 山石起吊前应反复试吊山石重心，确定重心后方可起吊。试吊高度视现场情况及山石大小而定。吊装时，作业人员应站在吊臂旋转范围外，待山石就位稳定后方可操作。

6 山石落稳杀垫时，应确保起重机械带钩操作，脱钩前应保证山石的稳定。

3.3.3 临时支撑应符合下列规定：

1 悬挑山石或山洞拱顶等处应设临时支撑，以固定山石。

2 应根据山石的受力点、受力方向和受力部位合理设置支撑点。

3 拆除临时支撑材料前必须确保假山中的混凝土构造层满足强度设计要求。

4 临时支撑材料强度应符合现行行业标准《建筑施工临时支撑结构技术规范》JGJ 300 的相关要求。

3.3.4 山洞中的吊挂石、悬挑石及壁山等定制的铁件爬钉应符合相关安全规定。

3.3.5 脚手架和垂直运输设备的搭设，应符合现行国家标准《建筑施工脚手架安全技术统一标准》GB 51210 和现行行业标准《建筑施工扣件式钢管脚手架安全技术规范》JGJ 130 的相关规定。

3.3.6 台风、暴雪等灾害性气候应停止假山叠石工程施工。

3.3.7 假山叠石工程夜间施工应办理夜间施工许可手续。

3.3.8 假山叠石工程施工中应合理设置沉降及水平位移监测点并加强日常监测，确保沉降及水平位移控制在允许值范围内。

3.3.9 假山叠石工程施工现场必须遵守现行相关标准和规范外，还应符合本市安全生产的相关要求。

3.4 环境保护

3.4.1 假山叠石工程施工现场应严格控制光源和各种施工机具的噪声及振动。

3.4.2 山石等材料运输过程中车辆应有覆盖等防尘措施，施工现场主要出入口应设置车辆清洗设施或设备。

3.4.3 喷浆等易产生粉尘、扬尘的区域，应做好防尘保护措施，并由专人负责。

3.4.4 风力在 5 级以上时，施工现场应根据实际情况采取洒水等防尘措施，喷浆等产生扬尘污染的施工作业应停止。

3.4.5 施工现场应按照规定使用预拌混凝土、预拌砂浆等材料。因项目规模、条件限制等特殊情形确需现场搅拌的，应按照规定向有关部门备案，并在现场配备降尘防尘装置。

3.4.6 施工现场应设置废水处理设施，废水必须经处理达标后排放。

3.4.7 上色材料应配置接盘措施（必要保护措施）。

3.4.8 施工现场的施工垃圾和生活垃圾等，应设置集中分类投放垃圾点，并及时清运；施工产生的废料应按有毒有害、可回收利用等及时分类处理。

4 施　工

4.1 一般规定

4.1.1 假山叠石工程应在相关基础、地下管线等工序完成后施工。

4.1.2 施工时应与已有建(构)筑物保持一定的距离,如紧邻建(构)筑物时应保证不影响其地基基础及上部结构的安全。

4.1.3 假山叠石工程的各种造景,应符合设计要求。叠石或置石放置时,最佳观赏面应朝向主要的视线方向,确保观赏性、整体性和稳定性。

4.1.4 假山叠石工程主体施工时,应确保主体结构稳定牢固。屋顶、车库顶板等处设置假山时,必须满足假山、屋顶、车库顶板及绿化种植等荷载要求,并做好防渗漏措施。

4.1.5 假山叠石工程中涉及水电管线、瀑布、灯光等应符合现行上海市工程建设规范《园林绿化工程施工质量验收标准》DG/TJ 08—701 的规定。

4.2 叠石假山

4.2.1 叠石假山底层施工应符合下列要求:

1 应在已完工的基础范围内进行山体轮廓放样。

2 底层应选大而坚实的山石。

3 应将山石堆置在轮廓线内,并将有面掌效果的山石面沿着轮廓线边缘摆放。

4 山石摆放时应将大而平的面朝上，艺术效果较佳面朝外。

5 安装时应自然错落，山石之间搭接应紧密稳固。

6 底层山石上部应找平，塞垫应平稳。

4.2.2 叠石假山中层施工应符合下列要求：

1 中间山石分层堆叠应保持上下层山石错落平稳。

2 上下层山石接石压茬纹理应和顺。

3 山石与山石之间应咬茬合缝、摆放稳固。

4 山石的搭接应符合山石本身的相互嵌合。

5 山石缝隙之间填充的小石块或混凝土强度应符合设计要求。

6 叠石与填塞浇捣应交叉进行。

7 表面山石应保持色泽一致。

4.2.3 叠石假山顶层施工应符合下列要求：

1 顶层山石堆叠时应顺应山势。

2 山峰宜主、次、宾布局合理，错落有致。

4.2.4 横向挑出的山石后部配重不得少于悬挑重量的2倍。

4.2.5 堆置的山形应达到设计要求，山石石色、纹理应自然流畅。

4.2.6 构造层有明确设计要求的应按设计图纸施工。无明确要求的，应符合下列要求：

1 山石堆叠到一层大山石或二层小山石高度时应设一道钢筋混凝土构造层。

2 钢筋应符合设计要求或符合现行国家标准《钢筋混凝土用钢　第2部分：热轧带肋钢筋》GB/T 1499.2 的相关规定。

3 钢筋间距宜在200 mm～250 mm之间，单层双向绑扎。

4 混凝土强度宜用C30以上的商品混凝土。

5 中空叠石假山或倚墙叠石假山，构造层中的钢筋网片应与框架结构(或墙体结构)上预留的锚固钢筋焊接牢固。

6 构造层混凝土不得外露于山体。

7 局部低洼处应用山石作围挡。

4.2.7 山洞施工应符合下列要求：

1 山洞洞顶和洞壁的突出岩面应圆润，不得带锐角且不得影响行人安全。

2 洞内应有自然采光。

3 洞内应有排水设施，不得积水。

4.2.8 登山道施工应符合下列要求：

1 踏步面石铺设应平整稳固。

2 3 级及以上的台阶，每级台阶高度宜为 120 mm～150 mm，少于 3 级的台阶宜作斜坡处理。

3 伸入登山道或道路内的山石宽度不应小于 300 mm。

4.2.9 瀑布及出水口的形式应符合设计要求。

4.2.10 溪流花驳和汀步施工应符合下列要求：

1 溪流花驳叠石的体量、尺寸等应符合设计要求。

2 应体现溪流的自然特性。

3 汀步安置应稳固，面石应平整。汀步间距不得大于 250 mm，各汀步的水平面应基本保持一致，汀步的踏步面不宜小于 500 mm×700 mm。

4.2.11 峰石施工应符合下列要求：

1 独峰孤赏石，宜用石榫头固定，石榫头必须处在峰石的重心线上，并且榫头周边与基磐应安装牢固。安装峰石时，应在榫眼中添加适量黏合材料。

2 采用多块具有较高观赏价值的山石拼掇成独峰石时，应在山石拼接隐蔽处用铁件拼接并添加适量黏合材料予以固定，整合而成的独峰石宜上大下小。

4.2.12 壁山施工应符合下列要求：

1 壁山与地面之间应浇捣混凝土。

2 墙面上的壁山应稳固，其厚度及体量应严格控制。

3 对壁山应采用预埋铁件如钩、托等多种技术进行加固处理。

4.2.13 假山叠石工程的植物种植应符合下列要求：

1 假山叠石施工应按设计要求留置种植穴。

2 种植穴规格应满足苗木种植要求。

3 种植穴底部应留有排水口，周围连接部位应进行适当的密封处理。

4 种植穴表层应做好排水、防水土流失等技术措施。

5 植物种植应符合现行上海市工程建设规范《立体绿化技术规程》DG/TJ 08—75 的相关规定。

4.2.14 勾缝施工应符合下列要求：

1 勾缝的水泥和细黄砂应按 1∶2～1∶3 比例配制。

2 勾缝应按先下后上、先里后外、先暗后明的顺序进行。

3 勾缝宜平伏，不宜高于石面，宜显出石缝，转角不宜圆，横缝宜满勾，勾抹材料宜隐藏于缝内，多留竖缝。

4 勾缝材料调色应与山石料颜色相近。

5 嵌缝 2 h～3 h 后，应进行紧缝、刷缝。

6 勾完缝 24 h 后应喷水养护。

7 平缝宽度不宜超过 20 mm。

8 凹缝应凹入石面 15 mm～20 mm。

4.3 塑石假山

4.3.1 骨架支撑结构施工应符合下列要求：

1 骨架应坚实、牢固。

2 骨架承载力、表面材料强度和抗风化性等应符合设计要求。

3 预制的假山钢筋层应满足雕刻面层的偏差值。

4 钢骨架和钢筋混凝土结构应符合现行国家标准《钢结构工程施工规范》GB 50755、《混凝土结构工程施工质量验收规范》GB 50204 的相关规定。

5 骨架支撑结构应遵循以自防水为主的原则，做好防水、防渗漏措施。

6 空腔结构应根据使用功能、荷载特性、施工工艺等条件，并考虑自重、侧向压力、沉降变形等因素，减少附加应力和局部应力，必要时应增设防护措施。

4.3.2 结构焊接施工应符合下列要求：

1 钢结构焊接应符合现行行业标准《钢筋焊接及验收规程》JGJ 18、《钢筋焊接接头试验方法标准》JGJ/T 27 的相关规定，金属构件及焊缝处必须作防锈处理。

2 造型钢筋网外节点挂不锈钢网，钢丝网强度和网孔密度应符合设计要求。钢筋层背面应设置马凳钢筋，双层钢筋网面与造型钢筋应连接牢固，不得有浮动现象。

3 所有接触面应通长满焊，钢结构构件区域的镀锌钢条应现场焊接稳固。

4.3.3 钢骨架防裂、防锈、防水施工应符合下列要求：

1 钢骨架宜做防裂、防锈处理，用于造型取势、防裂、联结的钢丝网片，其水泥砂浆厚度宜为 4 cm～6 cm 范围，并确保钢骨架不外露。

2 假山水景排水口应位于水景的最低点，并对排水口周围进行适当的密封防水处理。

3 假山潮湿区域必须做好防水涂层。

4.3.4 给排水管道、电路管线等应预埋于混凝土中，并作防腐处理。

4.3.5 水泥砂浆封装层施工应符合下列要求：

1 挂浆用 1∶2 水泥砂浆加入适量纤维性辅料及建筑胶水，应符合现行行业标准《抹灰砂浆技术规程》JGJ/T 220 的有关规定。

2 山体外挑部位的底部挂浆，应在钢网上面铺挂，钢网要紧贴山体外挑底部固定，钢网应平整不得起拱，砂浆应挂满整个网面。

3 打底挂浆施工 24 h 后应喷水养护。5 ℃以下或 35 ℃以上温度应停止施工,不得进行雕刻上色。

4 表面拉毛应划痕整齐、深浅一致,划痕深度应满足雕刻层砂浆的喷涂要求。

4.3.6 纹理造型处理应符合下列要求:

1 山体外部轮廓应造型自然、比例适当、整体连贯性强。

2 细部造型处理,应符合自然山石的质感效果和天然山体的艺术效果。

4.3.7 雕刻面层处理应符合下列要求:

1 水泥砂浆面层的雕刻层厚度宜为 40 mm～60 mm,并根据设计要求进行细部雕刻处理。

2 雕刻前应确定雕刻的范围及顺序,并在拉毛层表面进行标记。

3 雕刻部位应作喷湿处理,凹陷的部位不宜形成积水。

4 应保护好已完成的工作面。

5 雕刻层完成后应进行雾化层的喷涂。

4.3.8 上色处理应符合下列要求:

1 上色前应清理山体表面的灰尘杂物,保持清洁,避免颜色脱落和变异。

2 上色应前重、后淡,上轻、下重,凹处冷,凸处暖。

3 上色应均匀、自然。

4.4 置石工程

4.4.1 置石应根据设计要求、周边环境以及与建(构)筑物等配置的需求予以制作。置石摆放可就地制作、拼装或安装。制作与安装应符合现行行业标准《园林绿化工程施工及验收规范》CJJ 82的相关要求。

4.4.2 水池及池岸花驳、花坛边施工应符合下列要求：

1 水池及池岸花驳、花坛边的置石，造型应自然流畅。

2 山石纹理或折皱处理应和谐、协调。

3 山石堆叠的花坛侧面、顶面应自然、平整。

5 验 收

5.1 一般规定

5.1.1 假山叠石工程中隐蔽工程必须单独验收。

5.1.2 假山叠石工程具体验收标准应符合现行行业标准《园林绿化工程施工及验收规范》CJJ 82 及现行上海市工程建设规范《园林绿化工程施工质量验收标准》DG/TJ 08—701 的相关规定。

5.2 材料进场验收

5.2.1 叠石假山、置石工程应对每批自然山石办理材料进场验收手续。

5.2.2 塑石假山所需的骨架支撑材料、有机合成材料、喷涂材料和防水材料等均应办理材料进场验收手续。

5.3 工序验收

5.3.1 假山、峰石、水池、花坛、溪流等定点放样应办理验收手续。

5.3.2 塑石假山钢骨架焊接及锚固等应办理验收手续。

5.3.3 塑石假山的防水、雕刻、涂抹和上色等应办理工序验收手续。

5.3.4 假山叠石工程外观效果应办理验收手续。

5.4 竣工验收

5.4.1 施工过程资料验收合格后，方可进行工程竣工验收，主要资料有：

1 中间验收各相关资料。

2 施工图及变更、补充说明。

3 竣工图。

4 假山叠石工程相关质量评定资料。

5 相关检测报告。

5.4.2 工程竣工验收应由建设单位组织勘察设计单位、监理单位、施工单位等参加，并有监督部门进行监督，不合格的工程应返工。

5.4.3 竣工验收通过后，应办理竣工验收手续。

5.4.4 假山叠石工程所有文件，包括设计、施工验收的相关资料，应整理归档。

本标准用词说明

1 为便于在执行本标准条文时区别对待，对要求严格程度不同的用词说明如下：

1） 表示很严格，非这样做不可的用词：
正面词采用“必须”；
反面词采用“严禁”。

2） 表示严格，在正常情况下均应这样做的用词：
正面词采用“应”；
反面词采用“不应”或“不得”。

3） 表示允许稍有选择，在条件许可时首先应这样做的用词：
正面词采用“宜”；
反面词用采用“不宜”。

4） 表示有选择，在一定条件下可以这样做的用词，采用“可”。

2 条文中指明应按其他有关标准执行的写法为“应符合……的规定”或“应按……执行。”

引用标准名录

1 《起重机械安全规程》GB 6067
2 《钢筋混凝土用钢　第2部分:热轧带肋钢筋》GB/T 1499.2
3 《金属覆盖层　钢铁制件热浸镀锌层技术要求及试验方法》GB/T 13912
4 《一般用途钢丝绳吊索特性和技术条件》GB/T 16762
5 《流动式起重机　额定起重量图表》GB/T 21458
6 《结构加固修复用碳纤维片材》GB 21490
7 《建筑用墙面涂料中有害物质限量》GB 18582
8 《地下工程防水技术规范》GB 50108
9 《混凝土结构工程施工质量验收规范》GB 50204
10 《混凝土结构工程施工规范》GB 50666
11 《建设工程施工现场消防安全技术规范》GB 50720
12 《工程结构加固材料安全性鉴定技术规范》GB 50728
13 《钢结构工程施工规范》GB 50755
14 《钢筋焊接及验收规程》JGJ 18
15 《建筑施工高处作业安全技术规范》JGJ 80
16 《建筑施工扣件式钢管脚手架安全技术规范》JGJ 130
17 《建筑施工临时支撑结构技术规范》JGJ 300
18 《钢筋焊接接头试验方法标准》JGJ/T 27
19 《建筑砂浆基本性能试验方法标准》JGJ/T 70
20 《抹灰砂浆技术规程》JGJ/T 220

21 《园林绿化工程施工及验收规范》CJJ 82
22 《立体绿化技术规程》DG/TJ 08—75
23 《园林绿化工程施工质量验收标准》DG/TJ 08—701

上海市工程建设规范

假山叠石工程施工标准

DG/TJ 08—211—2020
J 12724—2021

条 文 说 明

2021　上海

目　次

2　术　语 …………………………………………… 25
3　施工准备 …………………………………………… 26
　3.1　一般规定 …………………………………………… 26
　3.2　材　料 …………………………………………… 26
　3.3　安　全 …………………………………………… 27
　3.4　环境保护 …………………………………………… 27
4　施　工 …………………………………………… 29
　4.1　一般规定 …………………………………………… 29
　4.2　叠石假山 …………………………………………… 29
　4.3　塑石假山 …………………………………………… 30
　4.4　置石工程 …………………………………………… 30
5　验　收 …………………………………………… 31
　5.1　一般规定 …………………………………………… 31
　5.3　竣工验收 …………………………………………… 31

Contents

2 Terms ········ 25
3 Construction preparation ········ 26
3.1 General provisions ········ 26
3.2 Materials ········ 26
3.3 Safety ········ 27
3.4 Environmental protection ········ 27
4 Construction ········ 29
4.1 General provisions ········ 29
4.2 Pile stone rockery ········ 29
4.3 Artificial rockery ········ 30
4.4 Stone engineering ········ 30
5 Acceptance inspection ········ 31
5.1 General provisions ········ 31
5.3 Completion and acceptance ········ 31

2 术 语

2.0.1 假山叠石工程是以造景游览为主要目的，充分结合其他多方面的功能作用，采用自然山石或GRC、CFRC等材料，以自然山水为蓝本并加以艺术的提炼和夸张，用人工再造的山水景物的通称。其中，GRC（玻璃纤维强化水泥）是一种以耐碱玻璃纤维为增强材料、水泥砂浆为基体材料的纤维混凝土复合材料；CFRC（碳纤维增强混凝土）是一种集多种功能与结构性能为一体的复合材料；采用水泥直塑法施工工艺，在混凝土中掺入碳纤维，使混凝土在抗压强度、抗折裂、抗紫外线、防渗漏等性能方面大幅增强。

2.0.2～2.0.4 叠石假山按结构类型可分为全石叠石假山、中空叠石假山、倚墙叠石假山等。按照山体的体量和重量分为：①小型叠石假山，是指假山主峰高度在2 m以下或用石量在60 t以下的假山；②中型叠石假山，是指主峰高度在2 m～5 m之间或用石量在60 t～200 t（含200 t）之间的假山；③大型叠石假山，是指假山主峰高度在5 m以上或用石量在200 t～800 t（含800 t）之间的假山；④特大型叠石假山，是指用石量在800 t以上的假山。本条所称“以上”不包括本数，所称的“以下”包括本数。

2.0.8 峰石也称“立峰”，又称特置石、孤置石或孤赏石。

2.0.9 假山叠石工程中常用的料石有太湖石、黄石、英石、斧劈石、石笋石、龟纹石、泰山石、灵璧石、黄蜡石和千层石等。

3 施工准备

3.1 一般规定

3.1.1 本条明确假山叠石工程施工应具有相应资质的勘察、设计单位出具设计图纸。

3.1.2 基础工程应符合下列要求：

1 应根据经复核后的放样位置进行基础开挖，开挖深度符合设计要求。

2 如遇流砂、疏松层、暗浜或异物等，应由设计单位做基础变更设计后进行基础加固处理。

3 假山基础顶标高应低于周边自然地坪标高 300 mm。

3.1.4 特殊结构的塑石假山，如具有体量大、造型要求高、施工工艺复杂等特点的假山，除制作模型和施工方案外，还应对结构安全、外观造型等进行专家论证。

3.2 材　料

3.2.1

2 因原石缝石孔中的植物，生命力强，有的造型奇特，可遇不可求。故保留后可为假山景观增添奇趣，体现原生态。

3.2.4

2 石料表面若接触硬物易损影响美观，有的形态细长且为脆性受振动易折损断裂，故需用软质材料进行保护性绑扎，以防石料在吊、装、运、卸等过程中互相挤压、碰撞造成不必要的硬伤或破损，影响石料原有的美观。

4 损伤或裂缝的山石可用于假山侧面、背面的承重部位，或加工成大小不一的块面用于拼补假山叠石工程中石与石之间的较大空隙部位，小块石一般作为垫刹石备用。

3.3 安 全

3.3.2 应根据施工方案配置专职安全员。每台起重机至少配备一名专职安全员。

3.3.8 假山叠石工程的沉降监测按照现行国家标准《工程测量规范》GB 50026 的有关规定执行。

1 变形特别敏感的大型直立岩体等，垂直位移监测变形观测点的高程中误差为 0.3 mm，相邻变形观测点的高差中误差为 0.1 mm，水平位移监测变形观测点的点位中误差为 1.5 mm。

2 变形比较敏感的直立岩体、高边坡等，垂直位移监测变形观测点的高程中误差为 0.5 mm，相邻变形观测点的高差中误差为 0.3 mm，水平位移监测变形观测点的点位中误差为 3.0 mm。

3 一般性的直立岩体、高边坡等，垂直位移监测变形观测点的高程中误差为 1.0 mm，邻变形观测点的高差中误差为 0.5 mm，水平位移监测变形观测点的点位中误差为 6.0 mm。

3.3.9 本市安全生产的相关要求，主要指上海市建设委员会、上海市公安局以及上海市建筑施工行业协会现行发布的针对建筑施工安全方面的相关文件。

3.4 环境保护

3.4.1 《文明施工标准》DG/TJ 08—2102、《上海市建设工程文明施工管理规定》（市政府令〔2019〕第 23 号）对光源、噪声等做了有关规定。

3.4.6 废水处理设施是指施工过程中产生的各类废水，应根据现场实际施工要求设置有相应的处理设施如沉淀池、隔油池等，防止市政排水管道因施工废水排入而堵塞及污染水体和环境。

3.4.7 接盘措施（必要保护措施）提供遮蔽物以及其他必要的保护措施，以防对邻近的区域表面造成污染或损坏，不得私自乱倒乱扔，以免污染周围土壤和环境。

4 施 工

4.1 一般规定

4.1.3 假山叠石工程的造景应充分考虑安全、护坡、登高和隔离等各种功能要求。

4.2 叠石假山

4.2.1 在基础范围内进行山体轮廓放样，然后根据山体轮廓线拉底起脚。山石要大、坚硬、耐压，安石要自然错落，石块之间搭接紧密，石块摆放时大而平的面朝上，艺术效果较佳之面朝外，上部找平、塞垫平稳。用石要掌握重心，应注意层次、进退，有深远感。

4.2.2，4.2.3 叠石假山造型的八忌：

忌“对称居中”；忌“重心不稳”；

忌“杂乱无章”；忌“纹理不顺”；

忌“铜墙铁壁”；忌“刀山剑树”；

忌“鼠洞蚁穴”；忌“叠罗汉”。

4.2.6 本条混凝土和钢筋混凝土施工均应符合现行国家标准《混凝土结构工程施工质量验收规范》GB 50204 的有关规定。

4.2.11 峰石，自然、整块的、具有相当观赏价值的山石，宜上大下小，安放在有榫眼的座石上，立之观赏。榫头必须固定在基磐上。基磐，指厚而大的石头，用作基础的磐石，喻稳如磐石。

4.2.14 勾缝材料宜用经过筛选的细黄砂。

4.3 塑石假山

4.3.2 马凳钢筋指双层钢筋或双层钢筋网片中间起支撑作用的钢筋。

4.3.3 假山潮湿区域是指除雨水以外相对持续水源作用的区域(如瀑布或水池),以及处于瀑布或水池此类设施相应喷溅范围内的区域。

4.3.6 山体造型宜用色彩等工艺呈现有远近、高低、凹凸、受光面与背光面等各种关系。

4.4 置石工程

4.4.1 置石包括天然置石和人工塑造置石。置石摆放一般分为特置、群置、对置和散置等,制作与安装应符合现行行业标准《园林绿化工程施工及验收规范》CJJ 82 的相关要求。

1 立式特置石应固定在基座上,找准石体的重心线固定;卧式特置石可采用水泥砂浆固定或浅埋放置。

2 散置、群置时采用浅埋或半埋的方式安置山石。埋在地下的基座,应根据山石预埋方向及深度定好基座位置。

3 对置山石应以两块山石为组合,左高右低,互相呼应,两个山石不可同等大小。宜立于建筑门前两侧或道路入口两侧。

4 散置的山石应按设计图纸要求放置,有疏有密,远近结合,彼此呼应,不可众石纷杂,凌乱无章。

5 群置山石应石之大小不等、石之间距不等、石之高低不等,应主从有别,宾主分明,搭配适宜。

6 多块山石叠嵌形成的置石,尽量选择拼合接口较为吻合的石材,注意接缝严密和掩饰缝口。

5 验　收

5.1 一般规定

5.1.1 隐蔽工程指土方开挖等基础施工、钢骨架等结构工程以及水、电管线铺设等,必须进行单独验收。

5.3 竣工验收

5.3.1 假山叠石工程作为园林工程一部分或作为单位工程,应按照相关验收标准,办理竣工手续。